学会整理收纳

斯塔熊文化 著

化学工业出版社

·北京·

图书在版编目（CIP）数据

学会整理收纳 / 斯塔熊文化著．—北京：化学工业出版社，2023.9
（写给孩子的自我管理小妙招）
ISBN 978-7-122-43692-4

Ⅰ．①学…　Ⅱ．①斯…　Ⅲ．①家庭生活 - 青少年读物　Ⅳ．①TS976.3-49

中国国家版本馆 CIP 数据核字（2023）第 112126 号

责任编辑：龙　婧　　　　装帧设计：史利平
责任校对：李雨函

出版发行：化学工业出版社
（北京市东城区青年湖南街 13 号　邮政编码 100011）
印　　装：北京新华印刷有限公司
880mm×1230mm　1/32　印张 4½
2024 年 3 月北京第 1 版第 1 次印刷

购书咨询：010-64518888　　售后服务：010-64518899
网　　址：http://www.cip.com.cn
凡购买本书，如有缺损质量问题，本社销售中心负责调换。

定　　价：39.80 元　

亲爱的小读者，很开心与你见面。我们来看一组漫画吧！看看这一幕幕是不是经常在你的学习和生活中上演呢？

我猜，你此刻正发出这样的疑问："我该如何改变这种状态呢？"

现在，机会来啦！摆在你面前的这套书，可以帮你——

1. 轻松学会时间管理，做时间的小主人；
2. 克制欲望，懂得珍惜，学会正确用钱，树立正确的金钱观；
3. 学会充满技巧和乐趣的学习方法，能够享受学习，并且学有所得；
4. 破解整理收纳难题，并把这种思维运用到学习和生活的其他方面。

说到这里，你是不是心动啦？

让我们来做一个约定吧——从读完这本书的那一瞬间开始改变自己！你会惊喜地发现：只要行动起来，就能迈出改变人生的第一步。

相信不久后的你，一定能够管理好自己的生活，掌控自己的人生！

目录

打开整理之门 /1

轻松整理的规则与技巧 /27

小小整理师在行动 /55

1

打开整理之门

要求孩子去整理房间时，

父母也有需要注意的地方。

你的房间整洁吗？

你喜欢什么样的环境？

当你翻开这本书时，请先看一眼你的房间，如果用一个词来概括它，这个词是“杂乱”呢？还是“整洁”呢？

如果你把自己的房间概括为“杂乱”，我猜，你的房间此时一定是这样的：玩具随意放置，课外书摊开在床上，文具散落各处……而你并没有觉得有什么不妥，显然你已经习以为常。

但请你好好思索一下：你真的喜欢这样的环境吗？

孩子不收拾房间的原因有很多，其中最典型的有三个：

1. 不知道应该怎样收拾房间。
2. 怕麻烦。
3. 认为不收拾房间也没有关系。

房间不会自己变乱

显而易见，房间不可能自己变得乱糟糟。唯一的原因，就是生活在房间中的人，在不知不觉中使它变得凌乱。

回想一下，平时妈妈打扫卫生、整理房间的时候，一定帮你收拾过吧？看着干净整洁的房间，你的心里是觉得愉悦还是厌恶呢？

答案不言而喻，我们每个人都喜欢生活在整洁的环境中。但是，每次这种整洁的程度并不能维持很久，就会又变成杂乱的样子，根本原因就是你在使用物品后，没有将它们放回原来的地方。所以，想让房间变得整洁，你需要改变的其实是你自己。

良好的习惯是成才的基础

《弟子规》中有这样一句话：“房室清，墙壁净，几案洁，笔砚正。”“清”就是清洁，“几案”就是书桌，“笔”就是毛笔，“砚”就是砚台。这句话的意思就是：房间、墙壁、桌子都要保持整齐洁净，毛笔和砚台都要摆放端正。

但在实际生活中呢？很多人的书桌总是乱七八糟，文具四散，甚至还有玩具、零食等与学习无关的物品。如果你从小就没有养成整理书桌的习惯，那么长大之后去处理其他工作，很可能也会毫无章法。

古人都可以培养出良好的习惯，把房间收拾得干干净净，把学习用品摆放得整整齐齐。现在的我们，有了更好的学习条件，就更应该懂得整洁的意义。

整洁不等于空无一物

整洁的家是每个人都喜欢的，但你对于“整洁的家”是怎么理解的？

有人认为干净整洁的家就是放眼望去空无一物，桌面一尘不染，真的是这样吗？

家是我们日常生活、学习的地方，如果我们每天把所有东西都收起来，使用时就会非常不方便。

其实，整洁的要求是所有的东西都能按功能和使用频率妥善摆放，无论要找什么，都能快速想起它在哪里，并能方便迅速地拿出来。

让自己的生活和学习都变得更便捷，家人感觉更舒服，这才是整理的最终目的。

父母要攻克整理的三大难题

孩子学不会做整理

对于很多父母来说，让孩子学习整理房间是一件非常头疼的事。他们经常挂在嘴边的话就是："我的孩子还小，根本不会整理房间。"

其实，孩子的学习能力非常强，很少有人学不会整理。之所以有的孩子做不好这件事，原因在于他没有足够的意愿和主动性。

想要做好任何一件事，都要经历一个学习的过程，首先是自己要努力去尝试。当然，刚开始的时候，总是免不了会犯错，做得也不熟练，但任何事都是由难到易。只要慢慢学习，积累经验，事情做的次数越来越多，效率也就慢慢提升了。

父母替孩子做整理

当孩子刚开始尝试整理房间时，很多父母觉得他们的速度太慢，总是忍不住动手帮忙。有时看到孩子整理的结果不太好，又忍不住亲自动手……

这样做的后果是什么？孩子对于整理房间没有意愿，也不觉得这是他自己的事情。在孩子看来，“整理房间”就是“你让我怎么收，我就怎么收。你让我收什么，我就收什么”。他做整理的时候，完全不开动脑筋，所以难以见到效果。

当孩子在整理自己的学习用品时，有的父母也经常忍不住要干涉，或者是帮忙检查。

“看看铅笔都削了吗？”

“作业本都放好了吗？”

在父母的唠叨声中，孩子也会渐渐失去责任感。

作为父母，应该适当放手。如果孩子偶尔忘记带上必要的学习用具，等需要用的时候，只能向同学借。也就是在这个时候，他才会反思自己的行为，然后找到解决办法，那就是：“今天晚上一定要好好检查书包，不要再忘东西了！”

找不到孩子的“干劲开关”

大多数孩子在使用完一件物品后，都没有将其归还原位的意识。他们要用某件物品，就胡乱在柜子里翻找一通，拿出来用完后，再随手一放。在他们的大脑里，似乎从来没有考虑过如何才能让家庭环境变得整洁，好像这只是大人的事。至于下一次还会不会用到这样东西，又到哪里去找，他们根本不会考虑。

要想让孩子积极主动整理房间，并将其变成一种习惯，父母一定要提前设计好存取物品的房间结构，规划好哪些地方放什么东西，有必要时可以贴上标签。每天督促孩子整理房间时，要多加表扬，让孩子意识到：“爸爸妈妈在关注我，他们看到了我的行动。”让他感受到“我做到了”的成就感。这样，孩子整理的积极性就会被调动起来。

很多人发现，父母如果不会整理房间，其孩子长大后也大多不擅长整理；父母总是将家中收拾得井井有条，孩子长大后也会养成这个习惯，这就是家庭对孩子的影响。

所以说，想要培养孩子自己整理房间的习惯，父母首先要做到勤于整理。具体应该怎么做呢？

父母在整理孩子的房间时，可以把他叫到身边，为他讲解整理物品的顺序，以及为什么要这样摆放，使他对整理有大体的认识。接着，父母就可以把主动权交给孩子，在旁边看他整理，让他亲自动手，明白自己的责任——自己的物品自己收拾。

“收纳”与“塞满”

先整理还是先收纳？

整理房间免不了要收纳物品，但很多人搞不明白，应该先整理还是先收纳呢？

正确的顺序是**先整理，再收纳**。

比如在整理衣柜时，应该先把所有衣服拿出来摆在床上，按需要的、不需要的分开。把需要的衣服按季节、使用频率等再分类。最后，把不需要的衣服送人或卖掉、捐赠，这才是整理的过程。

接下来就是收纳，这些还需要的衣服里，不容易起皱的衣服可以叠放，容易起皱的衣服则需要用晾衣架悬挂，或者是卷起来收纳，而且要将使用频率最高的放在最上面或最外面，以便使用。

收纳不是把东西塞满柜子

当父母下达命令“把玩具全部收起来”时，很多人的做法就是直接拿来一个大箱子，将所有玩具一股脑全扔进去。可以想象他们整理衣柜时，也往往是把所有衣服塞进柜子，然后关上柜门。

这样的收纳只是具有表面效果，对生活的帮助并不大。

高效的收纳不是机械地把物品全部放进柜子里塞满，而是精准地管理物品，实现**取用便捷、生活有序**。

简单地说，就是当需要某种物品时，能很快想起来它在哪里，并且能很轻易地拿出来，而不是打开柜子，在一堆物品中去胡乱翻找。

要买新的收纳架、收纳箱吗？

在整理房间时，如果物品不太多，整理起来就会很容易。如果物品过多，就会很麻烦，尤其是柜子已经被塞满的情况下，你可能会思考：“要不要让爸爸、妈妈买一个新的收纳架或收纳箱？”

按理来说，有更多的空间收纳物品，对生活的帮助更大，但实际上你还要考虑到房间的面积。如果收纳架或收纳箱摆满了房间，你的活动空间是不是就会变得很小呢？

收纳不是为了把杂七杂八的东西都收在一个容器里，使家看起来很整洁，而是要在有限的条件下，把所有物品都妥善放置，既美观又便于使用。**所以，在房间并不大的情况下，最好不要随意增加收纳架、收纳箱。**

收纳一定要扔东西吗?

有人觉得只有生活在空荡荡的屋子里，才能达到理想的生活状态。如果你也这样认为，那就陷入误区了。

其实，扔东西也不是不可以，但如果不加分析，将很多原本有用的东西扔掉，以后想用时又要花钱重新买，就会得不偿失。

所以，在收纳物品的时候，一定要认真思考这件物品的价值，然后再决定“丢弃”还是“保留”。对于拿不准以后是否还会用到的物品，我们可以先保留一段时间，以免错扔。

提升孩子整理兴趣的“魔法语言”

与孩子沟通需要语言艺术

在培养孩子整理房间的过程中，许多父母看到他们磨磨蹭蹭，或是怎么督促都不行动，心中的烦躁感油然而生，继而开始训话或者唠叨，甚至大吼大叫。

其实，一味生气、发火，解决不了问题，也未必能改变孩子。如果采用温和一些的教育方式，讲究语言的艺术，反而更容易与孩子沟通。

如果孩子不想整理，父母却一直说“快收拾一下”，久而久之，孩子对这样的状态就会习以为常。他们会想：反正我不收拾也只是被批评，他们总会替我收拾的，所以不收拾也没有关系。因此，父母引导和督促孩子自主行动尤其重要。

“睡觉前还有什么事没做呢？”

晚上，明明时间已经不早了，可孩子还玩得手舞足蹈，一点都没有要整理房间、洗漱睡觉的意思。

这个时候，父母想让孩子结束玩耍，开始整理房间，在发出指令前，应先走到孩子身边，与他的目光进行接触，然后提醒孩子：“要到睡觉的时间了哦！睡觉前还有什么事没做呢？”

没有批评与指责，只是像猜谜语一样，让孩子去思考睡前有哪些事情需要做。当他收回心思，稍微思索，就会明白自己该整理房间、洗漱睡觉了。这样的沟通方式，孩子接受起来明显容易得多。

“完成任务有奖励哦！”

“再不把玩具整理好，我就……”“每天都在教你整理，怎么记不住？”像这样的话说多了，孩子会感到厌烦，会因为内心的抵触情绪而接收不到父母所要传递的信息。

这个时候，如果能心平气和地给出一点奖励，或许会收到不一样的效果。

“现在给你一个任务，把床上的书全部放回书架，完成任务有奖励哦！”

当孩子听到这样的许诺时，又怎么会不心动呢？

“我们比一比谁最先完成吧？”

要激发孩子的主动性，还有一个常用的办法，那就是进行一场比赛。

孩子都有竞争的心理，不管做什么事，都不愿意落后于人。所以，当父母准备出门时，希望孩子把玩具和图书都整理好，可以说：“现在我们要准备出门了，我要换一身衣服，你需要把玩具和图书都整理好，不如我们比一比谁最先完成吧？”

听到这样的话，孩子为了证明自己的整理能力，立刻就会产生赢的想法，所以就会变得雷厉风行。

“哇！你已经快收拾好了，真是又快又好！”像这样适当表扬的话，对孩子来说简直比奖励还要有吸引力。不出所料，几分钟内，他就会把一切物品整理妥当。

“我没听到你回答，是有什么事吗？”

有的时候，孩子自顾自地看书或玩玩具，不管父母怎么催促或者劝说，都充耳不闻，不予理睬。

这个时候，父母不能急着发火，因为孩子有可能是把所有注意力都放在面前的东西上，也有可能是他遇到了什么事情，心情不太好。

为了引起孩子的注意，可以走到他的身边，轻声询问：“刚才我跟你说话，但是我没听到你回答，是有什么事吗？”

这样说话，可以让孩子明白自己做事不妥，但是父母没有计较，反而还很关心他。于是，他会好好解释一番。就算是心情不好，在父母的宽慰下，也会逐渐调整过来。接着，父母再告诉他现在应该做什么，这样就可以避免冲突，减少孩子的对立情绪。

整理的意义

家里乱糟糟，会降低幸福感

我们为什么要整理房间？

毫无疑问，干净漂亮的家居环境会让我们的心情更愉悦。

相关研究显示，如果家中乱糟糟，会降低幸福感。有说服力的证据是：家中杂乱的人，压力激素皮质醇的分泌量就会增加，压力也会不断增大。

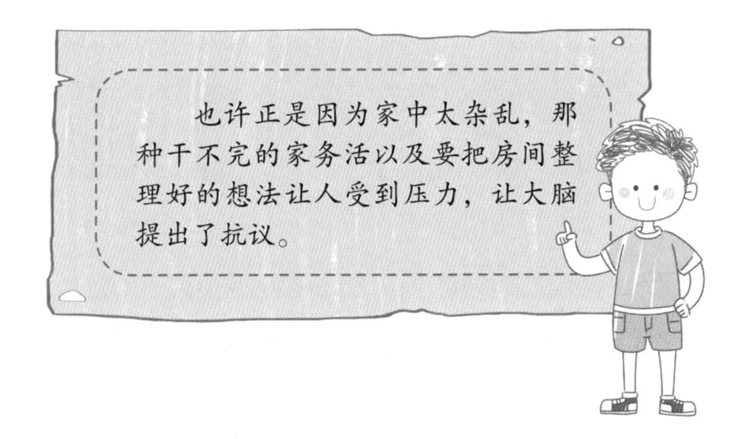

整洁的环境有利于身心健康

环境对人的性格和习惯都有很大影响，外在的环境其实是人内心的表露。如果总是生活在杂乱的环境里，人的情绪也会变得不稳定。

爱自己生活的地方，爱自己的家，自然就很乐意去保持环境的整洁，让家人生活在美好舒适的环境中。

房间干净整洁，书架上井井有条，书桌上的文具摆放整齐，会让人心情愉悦。

所以，我们要经常整理自己所处的外在环境。在这个整理的过程中，其实也是在梳理自己的内心世界。

整理房间有利于提高身体机能

一想到整理房间，很多人都会犯怵，认为这是辛苦劳累的工作。其实，科学家的最新研究表明，常常在家做家务、日常生活比较活跃的人，会比不爱做家务、久坐不动的人身体更健康。

有研究称，做家务等日常活动不仅可提升幸福感，还能激活大脑，使人精力更旺盛。

所以，多整理房间，可以让你的身体保持良好的状态，每一天都朝气蓬勃。

整洁，让学习更高效

一个爱整洁的人，会把房间里的各种物品整理得井井有条。刚刚使用过的东西，都会将其放回原处。等到下次需要使用时，就能很快从原来的位置找到，既高效又不会产生无端的烦恼。

整齐清洁的场所，可以令人心情舒畅，头脑清醒，学习起来也更加投入，效率自然会更高。

学习也需要仪式感，需要良好的氛围，需要在适合学习的地方学习。比如，在家里上网课，就没有在教室上课效果好；坐在床上看书，就没有在图书馆看书效果好。

整洁的环境让注意力更集中

美国精神病学专家拉尔夫·赖贝克曾说，有条理是人的本能。你的眼睛看到的东西越有序，就越容易感知记忆，大脑视觉皮层的负荷也会较轻，注意力便会更集中。

想象一下，如果你正在复习准备期末考试，本来就心浮气躁，打算找一本资料时才发现书架上一团乱，找了十分钟还没有找到，你会不会抓狂？

所以，让房间保持整洁不仅可以让心情舒畅，也会让自己提高学习的效率。当你心情舒畅，效率又高时，还会三心二意、左顾右盼吗？

整理的智慧

整理是一种循序渐进的思维和行为过程。我们通过对房间内有形物品的整理，理清内在的需求和思维方式，逐步升华到对大脑、思维等各种无形概念的整理，进而领悟到从“有形”到“无形”的过程，这是一种自我认知的方式。

爱整理床铺的人睡眠质量好

美国国家睡眠基金会做过一项调查，发现每天早上整理床铺的人比不整理床铺的人晚上睡好觉的比例高 19%；而有 75% 的人感觉，刚洗过的床单更舒服，会让人睡得更好；做事有条不紊，按时完成的人，晚上更容易入睡。

毫无疑问，一个睡眠质量好的人，第二天总是会精力充沛，做起事来效率也更高。

所以，不要认为整理床铺是一件零碎的烦心事，等你习惯了躺在整洁的床上睡觉，就能享受到整理床铺的乐趣。

2

轻松整理的规则与技巧

如果你不擅长整理，
那可能是还没有掌握适当的方法。

整理的黄金规则

每个物品都有自己固定的存放位置

很多孩子的生活都是“天然无序”的。年幼时，他们会乱扔玩具；上学以后，会经常丢三落四，找不到橡皮、铅笔、书本等都是常态。久而久之，生活就会一团糟。

想要避免这种事情的发生，父母首先要将休息、娱乐、学习的区域分开，不同用处的物品，应该摆放在不同的固定位置。

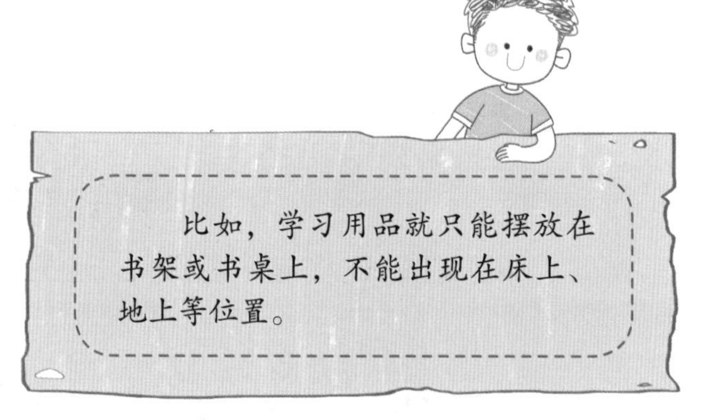

家中物品不能只增不减

“衣服太多了，衣柜都放不下了！”

“绿植太多了，阳台都摆满了！”

……

在家里，你有没有听过妈妈这样抱怨？

其实，就算衣柜容量再大一些，也不够放衣服，因为妈妈每年都会不断地买新衣服。就算阳台再宽敞一些，也不够放绿植，因为当妈妈看到漂亮的绿植时，总是忍不住想买回家。

人是有欲望的，当我们看到喜欢的东西时，总是忍不住想买回家。但不要忘了，我们的家是不可以扩展的。家中物品越来越多，又不处理旧物品，迟早会塞不下。

那应该怎么办呢？

当你看到一些精美的图书、漂亮的玩偶时，尤其是占空间比较大的，首先应该想一想，购买这个物品是否对生活和学习有帮助，是否还有合适的地方收纳。如果买回家后，没有多大实用性，还要占很大地方，就要好好斟酌一下。

还有，当你打算买一件新衣服时，也要先想想旧衣服是否能淘汰掉，否则衣柜里就会越来越拥挤杂乱。

不舍得丢弃物品的原因

以后会用→现在并不知道究竟什么时候才会用，那就等于以后不会有用。

扔了可惜→放着不去使用，才是不珍惜物品资源的表现。

购买时价格昂贵→请把价值和价格分开考虑。

你需要合理的数量

你尝试过整理自己的物品吗？如果尝试过，那你可能就会发现，同种功能的物品，你可能不只拥有一件。比如，各种好看的橡皮擦，几个不同样式的卷笔刀，不同颜色的笔袋……

当你在收纳它们的时候，有没有觉得苦恼呢？

功能相同的东西，不停轮换使用，看起来给我们的生活和学习带来了新鲜感，但它们也会使我们的生活环境变得杂乱。

整理要坚持

你可能早已发现，每次整理过自己的物品后，过不了多久，就会再次变得杂乱。也许你还会因此丧失信心，产生“干脆别整理了”的想法。

千万不要有这样的想法哦！因为不管做什么事，都是贵在坚持。虽然经常整理，它们依然会变得杂乱，但是如果从来就不去整理，它们可能会比现在杂乱十倍。

只有长期坚持，才能提高整理物品的能力。

收纳的物品要一目了然

整理物品，必然要把许多东西收纳进柜子、抽屉、箱子等处。所以，为了便于以后拿取，在收纳时，一定要坚持一个原则——好找、好拿、避免遗忘。

比如，整理衣柜时，要把当前季节的衣服放在便于取放的位置，然后按上衣、裤子、裙子、毛衣等进行分类，再分别悬挂、折叠。

对于叠起来放进抽屉的衣服，最好选择竖立摆放，这样不仅取用的时候更加方便，而且在摆放上还更加节省空间。

整洁的环境可以提高注意力

在视野清晰的情况下，人的注意力会增强。由于视线没有任何干扰，信息就会一目了然地映入我们的眼睛，我们大脑此时不必承受太多负担，做事效率会随之得到极大提升。

制订自己的规则

你家有规则吗?

当你吃完饭时，会把自己的饭碗放到厨房吗？当你换鞋时，会把脱下的鞋子放进鞋柜吗？当你把垃圾打包后，会把它送到楼下的垃圾桶吗？……

这些平常可能没有引起你注意的小事，其实正是你家里的规则。

每个家庭都有自己的规则。现在你可以再想想，家里还有哪些规则呢？

我的规则我来定

如果你想让房间、衣柜保持整洁，必须经常整理，而这种整理并不是盲目的、随意的，你需要遵守一定的规则。

要遵守规则，首先就要制订规则。

对于自己的房间，你可以向父母提出，由自己制订整理规则。

比如，衣服放在衣柜上层，裤子放在衣柜下层，袜子放进衣柜的抽屉里。

当然，你也可以向父母征求一些意见，使自己尽量少走弯路。

以整理书架来说，如果你没有制订规则，只要是书本、文具，全都放上去，不管书架有几层，每层都混杂着各个学科的课本、练习册、作业本等，找起来是不是非常耽误时间？

如果你制订的规则不合理，也会导致一系列麻烦，比如一层放的是课本和学习资料，但是这些课本和学习资料没有按学科区分开，等你要找的时候，也非常困难。

所以，制订的规则一定要便利、实用。如果你在书架的一层放与数学有关的物品，二层放与语文有关的物品……这样是不是就变得有条理了？

凌乱的环境会让人不安

凌乱的环境容易干扰人的判断力，令人感到焦躁不安。同时，也会让人无法集中精力，思考和总结的能力也会随之下降。

没有“正确的规则”

当你制订好自己的整理规则后，就要严格地去执行。随着时间的推移，你可能会发现自己的规则存在一些不合适的地方，那就要做出修改，让整理更容易。

比如，书架的最上层原本是用来摆放课外书的，但随着课外书越买越多，这些书又变得杂乱起来。所以，是时候给它们制订新的规则了。比如，左边放地理类图书，中间放历史类图书，右边放故事类图书。这全由你自己决定！

记住：**整理规则没有正确和错误之分，只要对你来说是便利的，那就是合适的规则。**

减少无用摆设

虽然说整理规则可以由你自己决定，但是有一个建议你不可不听，那就是“减少无用摆设”。

看看你的房间里，是不是有一些没有具体作用的物品？比如，书架上的小玩偶，床上的抱枕，书桌上的其他小摆件。当你买回这些东西的时候，确实觉得它们挺有趣，但随着时间推移，新鲜感过去，它们就成了占据一定地盘的“钉子户”。

既然没有了新鲜感，又没有具体用处，不如把它们都清理掉吧！房间里无用的东西减少了，整理起来也会轻松一些。

游戏时刻

寻找家庭规则

需要物品

三支笔

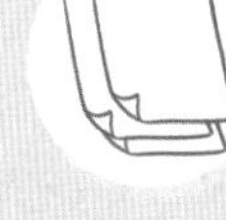
三张纸

一个计时器

游戏过程

将计时器定为 5 分钟倒计时。

和爸爸、妈妈一起，仔细观察家中各个房间的物品摆放，寻找出家庭规则。

每个人将找到的规则写在纸上，计时结束时，比比谁找到的规则最多。

游戏意义

发现日常生活中习以为常但并未在意的规则，培养将物品摆放在固定位置的习惯。

在生活中培养整理能力

随时都可以整理物品

整理能力对每个人来说都是必须拥有的技能，它能使你的一切变得井井有条。想要培养这种能力，并不需要专门的时间，就在日常生活中，随时都可以进行。

当你读完一本书后，可以顺手就把它放回书架上。当你做完作业后，可以把书本、笔袋都整理好了以后再休息……

看吧！这些小整理一点都不费事。

可以从局部开始

如果觉得一次整理一个房间太累了，你可以从局部开始，比如，早上起床后，先叠好被子。

叠被子时，首先将被子展开平铺在床上，再将被子的两条长边向中心翻折，然后将被子的两条短边向中心线对折，最后将被子整理成方块形状。

如果你自己尝试了很多次都无法做好，可以向父母请教。

当你看到自己的被子变身成一个“豆腐块”时，是不是很有成就感？

“需要我帮忙吗？”

孝，是中华民族的传统美德。孝敬父母，可以体现在生活中的点点滴滴，为父母倒一杯茶，洗一个苹果，或是倒一盆洗脚水，这都是孝的体现。

当你看到父母在整理房间时，还可以主动询问：“需要我帮忙吗？”

帮助父母整理房间，不仅是孝的体现，在这个过程中，你还可以向父母学习很多整理知识。

比如，父母可能会把花生、绿豆放进罐子里，这是因为怕它们变质；把米、面放在柜子里，可以让它们保持干燥……

只要你留心学习，处处都有学问。

换季是盘点衣物的好时机

春、夏、秋、冬，一年四季总是在不停变化。每到季节变换时，都是你盘点衣物的好时机。

首先，把所有衣物都拿出来放在床上，清洁衣柜，用吸尘器或抹布把衣柜里外打扫干净。这既是为了美观，也是为了卫生。

然后，先把当季不穿的衣服全部放进衣柜的上层或下层。这些位置不便于取放物品，摆放它们正合适。

最后，把当季要穿的衣服摆放在自己最便于取放的位置，可以叠放，也可以悬挂。同一类的衣服最好放置在一起，外套、裙子、裤子等都分开挂。

这样整理完后，你的衣柜看起来是不是变得赏心悦目了？

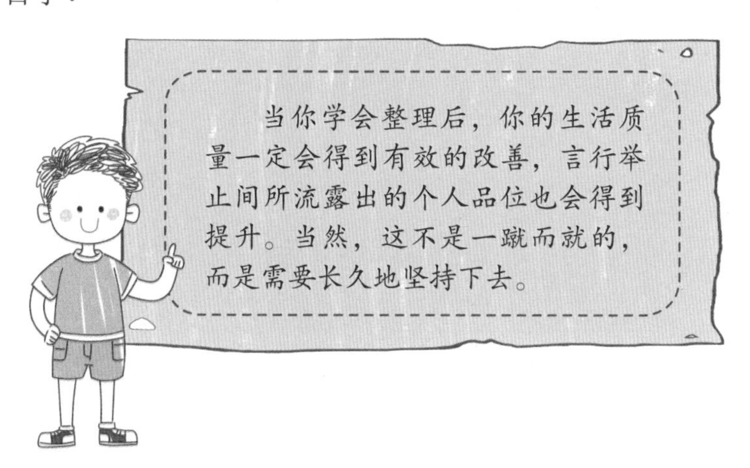

整理衣服

需要物品

一把晾衣架

一堆衣服

一个计时器

游戏过程

打开计时器，然后把自己的衣服全部找出来，放在床上平铺开。

把衣服按照季节分类。

把所有衣服用晾衣架挂在衣柜里，看看自己用了多少时间。

游戏意义

训练将衣服按季节进行分类的能力，提高整理衣服的熟练度。

设置动起来的时间

你准备什么时候开始整理？

由于生活节奏快，学习压力大，很多人平时并不喜欢整理房间。就算有了空闲时间，也总是想好好休息。至于整理，晚几天好像也没关系。

过了几天，你可能会变得更加忙碌，于是整理这件事又要往后拖延。就这样一拖再拖，最后你可能干脆放弃。现在，就为自己计划一下吧，你准备什么时候开始整理呢？

如果有些事情必须要做，最好给自己做出适当安排，否则你可能就将它忘到九霄云外了。

时间宽裕的时候

当学习任务轻松的时候，做完作业，还有很多自由时间。你可以选择看一会儿漫画书，或者看一会儿电视，当然，也可以试着做一次整理。

由于时间非常宽裕，你可以慢慢思考每一件物品的摆放位置，把它们按照不同的分类方式整合在一起。比如衣服，可以把相同材质的放在一起，也可以把相同颜色的放在一起，多试几次也没关系，直到让自己感觉舒适便捷为止。

没有父母在身旁催促你，你整理起物品来，是不是会多出一些新奇创意呢？

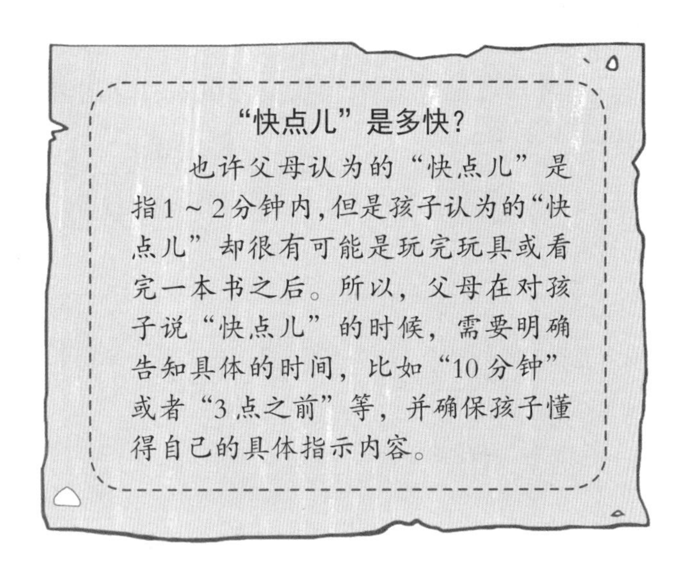

“快点儿”是多快？

也许父母认为的“快点儿”是指1～2分钟内，但是孩子认为的“快点儿”却很有可能是玩完玩具或看完一本书之后。所以，父母在对孩子说“快点儿”的时候，需要明确告知具体的时间，比如“10分钟”或者“3点之前”等，并确保孩子懂得自己的具体指示内容。

心情愉快的时候

当你心情不好的时候，如果父母让你整理房间，你会有什么想法？

即使勉强做了，可能也没有好的效果。尤其是看到一些似乎没有用处的东西时，就一股脑地全扔掉了。由于心情不好，考虑不周全，很可能导致错扔。

所以，要想做好整理，一定要选择心情愉快的时候去做，这样才能事半功倍。

比如，今天考了个好成绩，心情非常好，那就趁机整理一下自己的书架吧！

规定一个固定时间

我们每天好像一直被时间和必须要做的事追赶着。如果不强迫自己，可能真的很难找出一个合适的时间来做整理。

如何强迫自己呢？那需要提前做好规划，确定一个固定的整理时间，比如睡觉之前，就可以整理很多房间内的物品。

睡觉前，你把第二天早上要穿的衣服全部摆放整齐，第二天起床后，直接就可以穿上。比起早上起床后再去衣柜里找衣服，你穿好衣服的速度是不是明显快多了？这就是整理带给我们的好处。

培养整理的习惯

习惯的力量

每个人都有自己的习惯，有好习惯，也有坏习惯。好习惯会让人终身受益，而坏习惯却是我们生活和学习上的绊脚石。至于如何选择，完全取决于你自己。

整理也是这样。它不是一件一劳永逸的事，只有把整理变成一种习惯，你才能在生活和学习中享受到便利。

好习惯要从小培养

想要养成良好的习惯，必须从小开始培养。想要把整理变成一种习惯，你需要从现在开始。

比如，吃完饭后，你要把自己的碗筷拿到洗碗池，把自己面前的餐桌和椅子周围擦拭干净，吃饭这件事才算圆满结束。

又比如，每天早上和晚上刷完牙后，把牙刷放进杯子，然后再放回原来的位置；每次洗完头发，要把洗发水、毛巾放回原位；用吹风机把头发吹干以后，也要把它放回原位。

当你养成这些好习惯，整理就会在不知不觉中完成了。

养成习惯需要反复练习

习惯是需要经过反复练习才能形成的一些稳定的行为特征，是一种巨大而顽强的力量。

就像你每天做的很多事情一样，由于日复一日不断地重复，所以你做这些事已经成为无意识的行为习惯。比如按电梯时，不用思考，你的手指就已经按动了自己家所在的楼层；去公交站时，不用思考，你就知道该往哪里走。

由于习惯而产生的无意识行动，比有意识的行动需要的能量要少，所以效率就更高。

想要养成整理的习惯，你就必须每天锻炼自己。当锻炼到不需要特别提醒自己，就能自觉地把很多物品整理好时，就表明你已经养成了这个好习惯。

改掉坏习惯

当你脱下袜子，会随手往地上一扔吗？

晚上睡觉时，你会把脱下的衣服胡乱往床上某个角落一堆吗？

做完作业，你会把书本一股脑都塞进书包吗？

……

你可能从来都没有注意过自己这些行为，但它们确实都是坏习惯。想要养成整理的习惯，就要先找到自己的坏习惯，并将其改正。

我们每个人身上都有坏习惯，如果不加以改正，随着慢慢长大，坏习惯就会根深蒂固。到那个时候，想要改变自己，就要花费更多的精力。

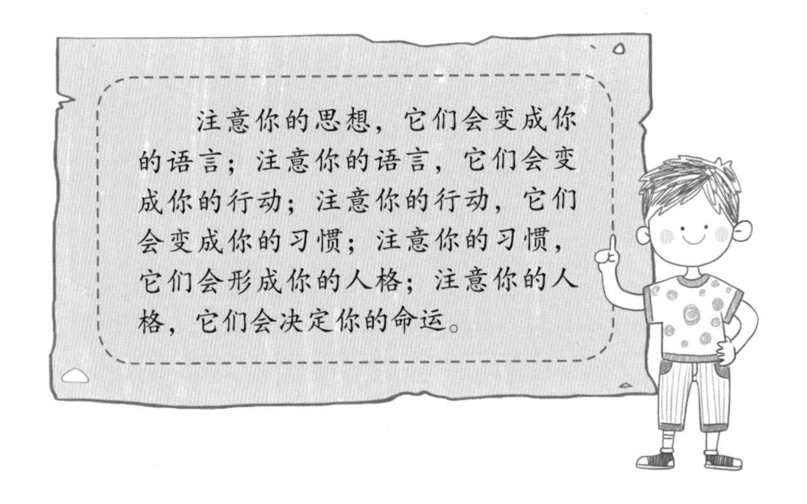

游戏时刻

每天跳绳1分钟

需要物品

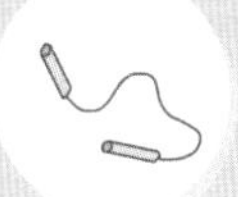

一根跳绳

一个计时器

一支记号笔

一张日历

游戏过程

每天晚上睡觉前，打开计时器，跳绳1分钟，并用记号笔在日历上记下自己跳绳的数量。

比较每天跳绳的数量，看自己是否有进步。

坚持一个月后，看看自己是否已经养成了晚上睡觉前跳绳的习惯。

游戏意义

利用跳绳锻炼身体，有利于提高睡眠质量，明白良好的习惯是可以培养的。

3

小小整理师在行动

整理会伴随人的一生，
没有人能够避开，
现在就开始行动吧！

学会分类

分类可以避免丢三落四

来到教室，才发现作业本没带，或者是课本没带。这样的事情，在你身上发生过吗？

经常丢三落四，其实根本原因就是不会整理。

如果你把同一个学科的东西都放在一个文件袋里，每次用完都收拾好放进书包，就可以大大减少忘带东西的情况。

同类物品放在一起

分类就是把同类物品放在一起，比如充电线和充电插头放一起，钳子、螺丝刀等家用小工具放在一起，苹果、橙子等水果放在一起，诸如此类。

在学校里，学习音乐要使用的乐器、乐谱等都放在音乐教室，而体育课要用的跳绳、篮球等都放在体育器材室里。在你的家里，如果也像这样把同类的物品放在一起，想找的时候就容易多了。

现在你就可以试一试，把自己房间里的物品按照玩具、学习用品和衣物进行分类。很快你就会发现，这种方法掌握起来并没有想象中那么难。

分类是整理的基础

要想学会整理，必须先学会分类，因为分类是整理的基础。不能把各种物品区分开，又怎么能将它们整理得井井有条呢？

至于分类，它又建立在理解的基础上，只有对事物有了充分的理解，才能进行明确的分类。

所以说，当你在进行分类的时候，其实也是在锻炼自己的逻辑思维能力。

能够对自己的物品进行分类，是我们每个人都需要掌握的一种能力。大的、小的、红的、黄的、数学的、语文的……只有按照一定方式把自己的物品进行分类，你才会知道哪些物品应该放在一起。等你给它们确定一个固定的放置场所后，整理工作就可以顺利进行了。

分类方法有很多

当你尝试对一堆物品进行分类时，就会发现一个问题：有的物品有很多种分类方法。

比如，有很多条裤子，它们有的长、有的短，有的薄、有的厚，到底是按长短分类呢？还是按薄厚分类呢？

其实，任何东西都没有标准的分类方法。具体怎么分类，完全取决于负责分类的人。也许你喜欢将裤子按薄厚分类，可妈妈却觉得你应该按长短分类。

这个时候，由于你才是裤子的使用者，所以怎么分类应该由你自己决定，但是一定要保证使用和收纳时都比较便利。

抽屉里的物品分类

需要物品

书桌抽屉

小箱子

垃圾桶

游戏过程

首先把书桌抽屉里的东西全部倒出来。

然后盘点所有的物品，思考如何分类。

最后，把分类好的东西放在抽屉里的不同位置，还有用但不适合放在抽屉里的就放入小箱子，完全没有用处的东西则扔进垃圾桶。

游戏意义

通过对抽屉里的物品进行分类，掌握初步的分类技巧，提高整理能力。

游戏时刻

超市海报上的分类

需要物品

超市海报

剪刀

纸板

一瓶胶水

记号笔

游戏过程

用剪刀把超市海报上的各种商品都剪下来。

把这些商品图片按照零食、肉类、蔬菜、水果等类别分开。

把分好类的商品图片贴到纸板上，并用记号笔分别写下类别的名称。

游戏意义

认识超市出售的各种商品，培养对它们进行分类的能力。

给物品“定位”

物品需要一个固定的位置

“妈妈，这本书应该放在哪里呀？”

“妈妈，刚买的毛绒玩具应该放在哪里呢？”

如果你手上拿着一些物品，却要问妈妈才知道应该放在哪里，这就说明你没有给物品“定位”。

给物品“定位”，就是让物品有一个固定的放置场所，这样才便于整理。

定位不能随意

你自己的物品肯定非常多，它们都有自己固定的放置场所吗？你会不会随便把他们往哪里一塞呢？是不是只有妈妈知道物品放置的地方，而你不知道呢？

要想学会整理，请先给物品做一个“定位”，它的位置不是随意指定的。这个固定的位置要尽可能容易取放，还必须容易记住，否则每次要用某样东西的时候，还要花半天时间去回忆它放在哪里，这就失去了整理的意义。

比如，把篮球固定放置在衣柜顶部，每次使用要踩在凳子上才能拿下来，就很不方便。

定位应在动作发生的附近

如果你将睡衣脱在客厅的沙发上，一定会被妈妈指责：“又乱放衣服。”显然，沙发上放睡衣既不美观，又不方便。

为什么你会把睡衣脱在沙发上呢？因为今天要穿的校服就摆放在那里。所以，追根究底，是因为你没有把校服摆放到合适的位置。

无论是谁，每天都会不停地移动。比如你要去学校，回家后要做作业、洗澡，当你在做这些事情时，就会用到很多物品，它们都是和你的动作绑定在一起的。

如果你经常发现物品被乱放，比如睡衣放在了沙发上，或者书包放在了客厅角落，就要思考一下，是不是自己给物品的“定位”不合适？

如果把校服摆在床头，早上洗漱后再回到卧室换衣服，就不会出现把睡衣脱在沙发上的情况。

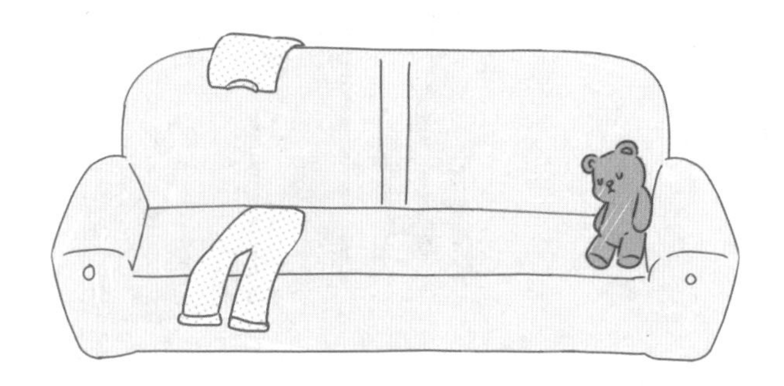

大类决定物品的大概位置

一个物品应该放在哪里，首先应明确它属于哪一个大类。根据大类划分场所是定位的基础。

这很容易理解，比如，和学习相关的东西放在书桌附近，玩具放在客厅的柜子里，衣服放在衣柜里，漫画书或游戏书放在书架的最底层。

这些位置确定下来后，就不能再混入其他大类的东西。当你想找什么物品时，即使忘记了它的具体位置，也知道应该去哪里找。

一般来说，我们可以将物品分为娱乐、学习、运动等大类。而学习大类中，又可以细分出文具、教科书、笔记本、打印材料、书包等小类。先确定大类的大概位置，再确定小类的具体位置，你就可以把物品整理妥当。

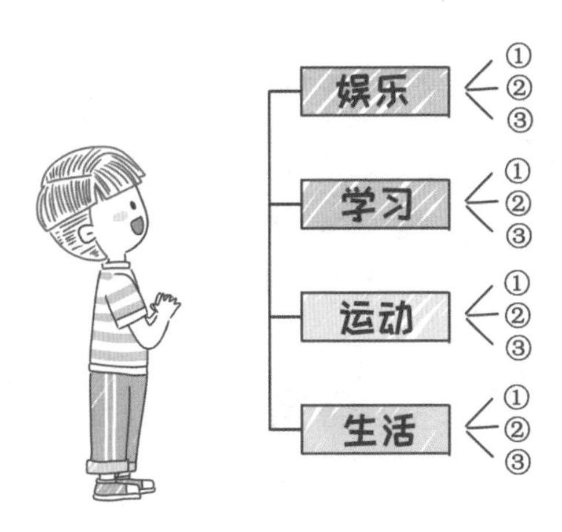

用完物品放回原位

记住物品原来的位置

做了无数次整理后，你就会发现，**整理其实就是从使用到放回原位的循环**。

一件物品，你把它拿出来使用，然后再把它放回原来的地方，就不会使房间变乱。即便有时可能没有及时放回，但你记住了它原来的位置，就可以在很短的时间内将它放回去，使房间恢复整洁。

养成“归位”意识

如果你在图书馆借了一本书，看完以后，应该做什么？

没错，应该还回图书馆。但是，当你从书架上拿下来一本书，看完以后，是不是也及时还回去了呢？

把用过的东西放回原位，需要有一种“归位”意识。对于很多未成年人来说，这种意识还很淡薄。

如果一个人有“归位”意识，那么他的房间就总是能够保持整洁，他在公共场合，也总是能体现出公德心和对公共财物的责任心。

方便自己，也方便他人

“剪刀在哪里啊？”当妈妈抱着快递箱问你时，你能迅速说出剪刀的位置吗？

没错，你可能知道它平常应该放在哪里，但是刚才你使用过一次，妈妈就找不到它了。

接下来，你会和妈妈一起四处寻找，打开抽屉，拉开柜门，在这个过程中可能还会听到妈妈的抱怨。

因为你用完剪刀，没有立即将它放回原位，结果不仅给自己带来了麻烦，也给妈妈造成了困扰。所以，使用完一件物品后，应该及时将它放回原位，这不仅方便了自己，也方便了他人。

有意识地训练

在生活中，我们可以有意识地训练自己把物品放回原位。

比如，在超市购物时，本来已经放进购物车里的商品，突然又不想要了，那就要将其放回原来的货架上。

购物完成后，也要记得把购物车、购物筐放回指定位置。

去快递站寄东西时，填写完快递单，要记得把笔放回原处。

去书店时，看过但不打算买的书，一定要放回原处。

……

给物品“定量”

你需要几支铅笔?

现在，请看一看你的笔袋里，一共有几支铅笔?

有的人有五六支，有的人有十来支。你有没有思考过，你是否真的有必要在笔袋里放这么多铅笔呢?

其实，你根本不可能在某一天把这些铅笔全都用完，装这么多铅笔显然是没有必要的。

学会给物品“定量”

想要使物品易于整理，最好是减少它的数量，有一个方法就是给它“定量”。

比如铅笔的问题，由于笔袋的容量有限，不能摆放太多铅笔，那你就需要给铅笔一个“定量”，比如 4 支就足够一个星期使用，那就只在笔袋里放 4 支铅笔。等用完一支后，再拿一支新的铅笔放进笔袋，这样就可以使笔袋里的铅笔数量始终保持为 4 支。笔袋里的物品数量始终没有增加，平时整理起来是不是也容易得多呢？

又比如夏季时，在衣柜里，当季的衣服全都放在一个格子里，里面有 T 恤衫、衬衣、长裤、短裤……其中，光是 T 恤衫就有八九件，将这个格子塞得满满当当，平时找衣服要费很多工夫。

显然，衣柜整理得如此糟糕，其中有一个原因就是没有学会给物品“定量”。

就拿 T 恤衫来说吧，八九件 T 恤衫实在是太多了，平常穿得最多的可能也就两三件，实在没有必要把它们全部放在当季衣服的格子里。如果把其中五件 T 恤衫收起来，放在非当季衣服的格子里，那不就宽松多了吗？

改变囤货的坏习惯

还有一种人在整理物品方面有困难，是因为他们拥有的物品太多。他们非常喜欢囤货，同样的东西总是一次买很多。

比如，一个学期你可能要使用 20 支铅笔，所以开学时就买了 20 支，但有的人却一次买了 100 支，全都囤在家里。这些铅笔占据了大量空间，也增加了整理的难度。

其实，现在社会经济发达，不管缺少什么文具都能很快买到，所以没有必要在家里囤积太多。

舍弃的勇气

没用的物品需要处理

缺了一只胳膊的玩偶，掉了轮子的玩具汽车，已经不能穿的完好的鞋子……当你在整理房间时，对于这些物品，应该怎么办呢？

其实，这些物品对你来说已经毫无用处，如果还要去整理它们，除了浪费时间外，还浪费空间。所以，类似这样对自己没用的物品，一定要想办法处理掉，才能减轻整理负担。

舍弃才能腾出空间

其实每个人家里都有很多闲置物品，它们看起来似乎都有用处，也没有坏，有的甚至几乎是全新的，但你平时却用不到。如果真的下决心将它们扔掉，又觉得有点可惜。

就这样，这些物品一点一点堆积起来，使家里的空间也变得越来越狭小。

如果你真的想要把房间收拾得整洁干净，现在就必须忍痛割爱，学会舍弃。

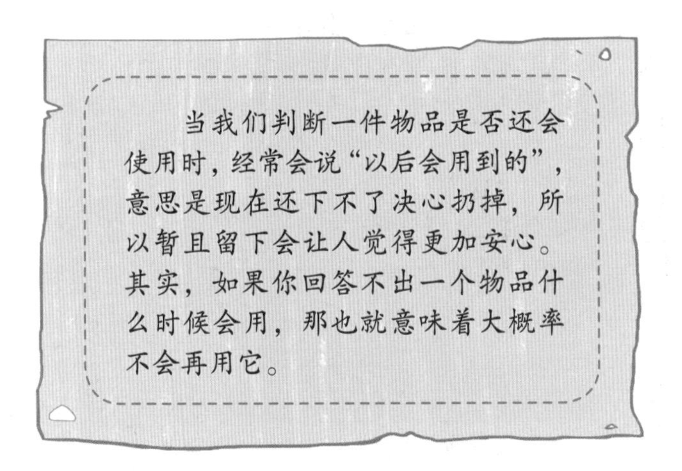

只有敢于舍弃，才会让家里腾出更多的空间，从而让家里看起来整洁美观。同时，物品减少了，整理时，难度也会降低。

辨别哪些东西需要舍弃

该舍弃的东西一定要及时舍弃，这是顺利完成整理工作的一个保证。不过，在舍弃以前，你需要辨别哪些东西才是不需要的。

曾经非常喜欢穿的衣服，总觉得以后还有什么场合可以再穿。其实，它在你的衣柜里已经放了一年多，根本就没有再穿的可能。

还有一些以前读过的杂志、绘本，做过的练习册，总觉得还有再看看的价值，但实际上它们已经尘封了很久，你始终想不起来看一眼。

其实，这些东西都是应该被舍弃的。如果一时舍不得，你可以把它们收藏到一个专门的箱子里，先放到床底下。

一年以后，要是这些东西还是没有用到，就可以果断舍弃了。

教你扔物品

舍弃物品最简单的方式就是扔掉，你是不是想问：哪些东西应该扔进垃圾桶呢？比如下面这些物品：

零食：过期的、发霉的、变味的……

服装：起球的、变形的、已经沾上油污并且洗不掉的……

鞋子：不合脚的、坏掉的……

帽子、围巾、手套等：破洞的、不再保暖的。

……

这些物品对你来说没有用，对其他人来说也是一样，可以直接扔掉。

卖废品

除了那些必须扔掉的物品以外，很多你不需要的物品其实还可以考虑一下其他舍弃方式，比如能带来收益的办法——卖废品。

一般在小区周围都有专门回收废品的人，或者有废品回收站，只要你把废品带过去，就可以卖钱。

当然，废品回收的种类是有限的，主要是图书、纸箱、金属等。虽然卖废品的价格不高，但比直接扔进垃圾桶更有价值一些，而且也有利于环境保护。

垃圾分类

垃圾分类中的归纳与排序，不仅可以有效锻炼孩子的逻辑思维，还是掌握整理技能再好不过的实践方式和机会。同时，这也是环保的最有效方式，是孩子能够力所能及做出的“环保贡献”。

赠送或者转卖

另外，还有稍微耗费精力和时间的办法，那就是赠送或转卖。

有的物品对你来说已经毫无用处，对别人来说可能正是迫切需要的，比如你已经穿不进去但依然完好的轮滑鞋，可以问一问邻居或同学，有人需要的话就可以让他们取走。

当然，你还可以把物品带到跳蚤市场，或者请父母把它们拍照上传到二手物品交易平台。如果遇到合适的买家，它们就可以继续发挥作用哦！

游戏时刻

卖废品

需要物品

一辆购物车

一台体重秤

一根长绳

游戏过程

把书架上、书桌上以及书包里的废旧书本全部整理出来，用长绳捆好，然后放在体重秤上称一下，把重量记下来。

用购物车把这些废品拉到回收的地方，将其出售。注意回收处称的重量与自己称的是否差距过大。

游戏意义

培养处理废品的能力，提高对金钱的认识，同时激发整理物品的动力。

游戏时刻

去跳蚤市场卖东西

需要物品

一些旧玩具

一些白卡片

一支记号笔

游戏过程

找出家里的自己不再需要的旧玩具。

把这些玩具带到小区附近的跳蚤市场，将它们摆在地上。

用记号笔在白卡片上标明它们的售价，然后等待其他人来买。

游戏意义

培养整理物品的能力以及动手和沟通能力，认识二手物品的使用价值。

保持一定的空间

新书还有地方放吗?

这天，父母送了你一份特别的礼物——一套精彩的儿童小说。

当你把书抱回房间时，才发现书架上已经满满当当，该把这套新书放在哪里呢？最后，迫于无奈，你只好把他们放在书架旁边的地上。

虽然你的书架整理得很好，但是却有一个问题，那就是没有留下空间。

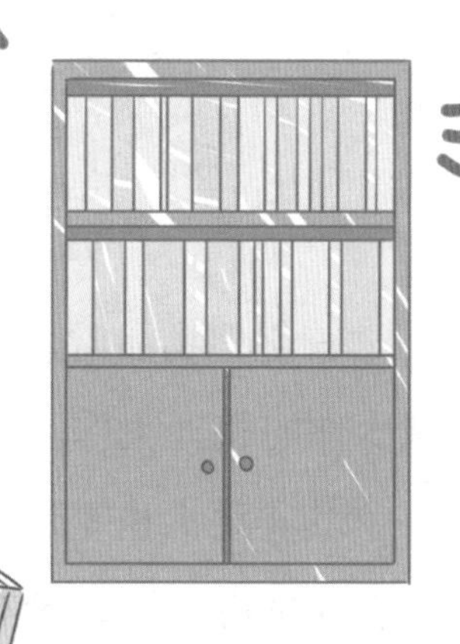

凡事要留有余地

当你在整理物品时，不管是书架、抽屉，还是衣柜、书桌，都不能摆放得太满。适当留一些空间，才能以备不时之需。

书架留有空间，才能摆下新买的书；衣柜留有空间，才能放下新买的衣服；笔袋留有空间，才能放下新买的文具……

在整理物品时，最好保留三成的宽裕空间，这可以减少你的整理工作，也会让你的心灵更加舒缓。

其实生活也是这样，**不管任何时候，不要把自己的任务安排得太满，没有一点余地，否则稍微遇到一点意外，就会让自己措手不及。**

给衣柜留白

留白是中国书画艺术中最有意境的表现手法，是为使整个作品画面、章法更为协调精美而有意留下相应的空白。

在日常生活中也是一样，我们不一定要将所有空间毫无遗漏地利用起来，才算是对空间的最大化利用。相反，有时候对某些区域适当留白，才会让生活更加便利。

比如，整理衣柜里的衣服时，不一定要把当季的所有衣服都悬挂起来。如果只挂出几件自己最喜欢的、最常穿的衣服，过一阵后，想要更换，再把悬挂的衣服收起来，重新挂出另一批，这样既可以让每一件衣服都充分发挥价值，又使衣柜看起来宽松有序。

从整理抽屉开始做起

你的抽屉里有多少东西

现在请你打开书桌的抽屉，看看里面有多少东西。胶水、剪刀、橡皮、夹子、笔记本、自动铅笔、回形针、蜡笔……是不是多得数不清？这些东西乱糟糟地放在抽屉里，当你在找东西的时候，有没有觉得很麻烦？

既然要学习整理，我们不妨从一个小的区域开始，循序渐进。现在，就从整理抽屉开始吧。

整理抽屉并不难

抽屉是最容易乱和最能塞东西的地方，所以从抽屉开始，你能迅速体会到整理带来的快乐。

任何地方的整理首先都要挑出有用和没用的物品，所以抽屉的整理也不例外。先把抽屉里的会用到的东西挑选出来，再按照使用频率进行细分，把经常使用的放在上面和前面，不经常使用的放在下面和后面。

要注意的是，同类物品尽量放在一起。如果拉开抽屉不能一眼看出是什么的物品，最好给它贴上一个标签。

注意抽屉的大小、深度

一个书桌一般都有好几个抽屉，有的深，有的浅，有的大，有的小，如果不好好规划，就会白白浪费空间。

对于浅一些、小一些的抽屉，可以在里面放那些细、小、短、薄的物品，比如铅笔、橡皮、剪刀、夹子、尺子、订书器等；而又深又大的抽屉，就可以放入相册、笔记本、文件夹以及存钱罐、卷笔刀等物品。

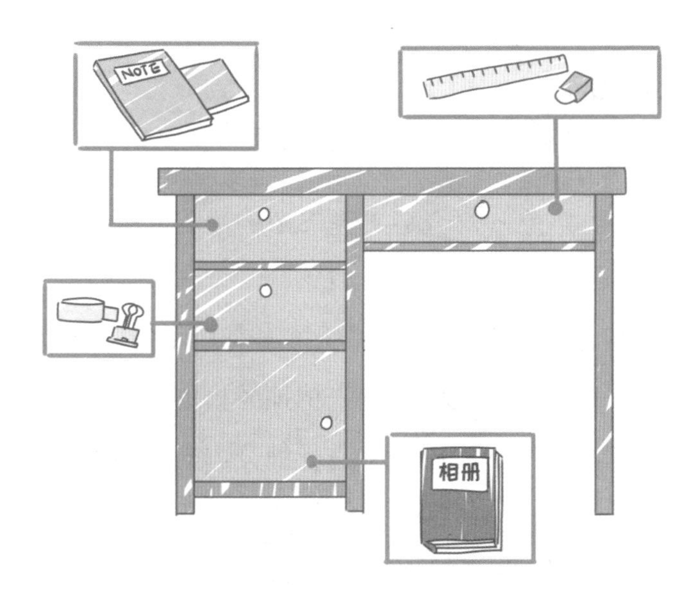

在放笔记本和文件夹时，如果可以，尽量竖着放，将书脊朝上，这样方便寻找，也方便取放。

自由伸缩隔板

虽然把物品都放进抽屉了，但由于物品太小太多，依然会存在杂乱的问题。所以，还可以将抽屉做出隔断，并让每个隔断里的东西都整齐有序，这样不仅看起来美观，找起来也非常方便。

这时候，就可以用到一些整理神器了，比如自由伸缩隔板。自由伸缩隔板能放进各种抽屉，还能根据自己的需要随意伸缩调节，自由规划空间，便于分类收纳各式物品，取用便捷。

如果一时买不到合适的自由伸缩隔板，也可以找来一些纸箱，用剪刀裁剪成纸条板，然后根据自己的需要，用胶水粘成隔板，放进抽屉使用。自己制作隔板不仅有趣，还可以锻炼数学思维能力哦！

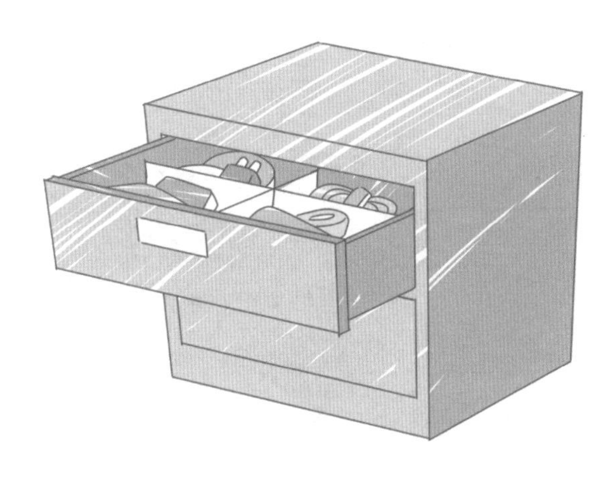

自制抽屉隔板

需要物品

一些纸箱

一把剪刀

一瓶胶水

游戏过程

用剪刀把纸箱剪成大小、长短合适的纸条板。

根据抽屉的大小，把纸条板放在抽屉里进行组合，将抽屉分隔成几个隔断。

用胶水将纸条板粘起来，等待晾干。

游戏意义

培养动手能力，养成良好的收纳习惯，提高整理物品的兴趣。

快速整理书包

书包里总是放不下东西

随着年龄的增长，年级的升高，上学所用的物品也越来越多，你的书包是不是也变得越来越大了？可是奇怪的是，书包依然是那么满，有时候想额外放一本书，似乎都装不进去。造成这种情况的原因，是你不善于整理书包。

重新整理书包吧

现在把书包里的所有物品都拿出来吧，里面肯定有课本、练习册、作业本、笔袋、打印资料、试卷等。

首先，放入教科书和练习册。如果数量较多，就要使用透明文件袋，将它们按学科区分开，数学放一袋，语文放一袋，英语放一袋……

然后，把作业本放在一起，用文件袋装好，再放进书包。

接着，把试卷和打印资料放进文件夹或透明文件袋，再放进书包，防止产生褶皱。

除了学习用品，你的书包里还有手帕纸、湿巾等生活用品，由于比较小，如果放进书包的大袋里很难翻找，所以最好放在书包一侧的小兜里。

水杯也是一件必带物品。书包的侧面一般有两个小兜，你可以将它放在另一侧的小兜里。

记住，整理书包的目的是让书包里只有和学习相关的东西，以及少量的生活必需品，课外书、玩具、零食等，都应该从书包里拿出去。

现在我们再说一说笔袋吧！

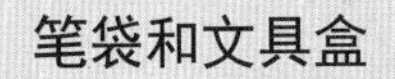

笔袋和文具盒

笔袋又叫拉链文具袋，是文具盒的延伸。它比文具盒携带更方便，手感更舒服，而且可以根据书包的内部空间调节自己的形状，所以占用的空间更小。

笔袋虽然不大，但却是重要的文具收纳用品，里面放的东西也不少，有铅笔、签字笔、橡皮、小型卷笔刀、直尺等。

铅笔和签字笔只需要准备几支就够用，如果有损坏或用完的情况，要及时补充。还要把铅笔全部削好，盖上铅笔帽。

再注意检查一下，你的笔袋里有没有与学习无关的物品？比如橡皮筋、橡皮泥、小玩具等。这些东西都不应该放在笔袋里，它们会影响你的正常学习，而且不便于拿取文具。

笔袋整理好了以后，里面的东西井然有序、一目了然，而且取用的时候也很方便。

书包应该放在哪里？

书包整理完后，你会把它放在哪里呢？是随手放在地板上、床上、书桌上、沙发上吗？

书包是每天上学都要使用的物品，而且回家后还要继续使用，所以一定要把它放在固定的区域，保证要用的时候能立刻找到，使用完也能很快放回。

你可以把书包挂在书桌旁边，或者挂在书架旁边，这样便于看书、做作业。使用后把它放在门口附近，这样便于出门的时候拿取。

书桌大变身

该整理书桌了

书桌是学习的地方，整洁干净的书桌能大幅提高学习效率，而杂乱无章的学习桌会让人思绪凌乱，影响不可谓不大。

现在你的书桌上都放着什么呢？翻开的课本和笔记本，从图书馆借来的书，用完的草稿纸、纸巾，以及过多的备用草稿纸，还有一些小玩具……这些东西乱七八糟地摆放在桌面，你又怎么能静下心来学习呢？

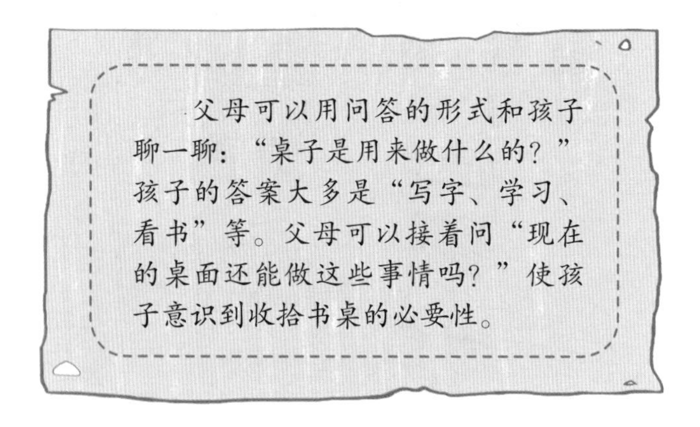

父母可以用问答的形式和孩子聊一聊："桌子是用来做什么的？"孩子的答案大多是"写字、学习、看书"等。父母可以接着问"现在的桌面还能做这些事情吗？"使孩子意识到收拾书桌的必要性。

把不需要的东西拿走

整理书桌的首要任务就是把不需要的物品全部拿走。比如下面这些物品，都可以扔进垃圾桶：

写起来不顺手的签字笔，写出的字不好看、不清晰，不仅会影响学习效率，还会影响情绪；

用完的笔芯，留了一大堆作为收藏品，不仅毫无用处，还白白占据一部分空间；

刻度已经模糊的尺子，使用起来非常不方便，不管图案多么吸引人，也失去了使用价值，应该果断扔掉；

……

当你把这些物品都扔掉，书桌上剩下的东西再整理起来就容易多了。

桌面摆放有技巧

看到书桌上剩下的东西，先不要感到头晕，要相信自己的整理能力，首先试着将它们分类吧！

把需要使用的物品放在桌子的右侧，把暂时不使用的物品放在左侧。暂时不使用的物品，找个纸箱把它们全部装进去，搬到别的地方去，作为下一项整理工作。

桌子右侧的物品是现在需要使用的，铅笔、签字笔、直尺、剪刀、胶棒等，可以放在笔筒里，笔筒里放不下的，再放在抽屉里；书和笔记本，可以放在书架上码放整齐；台灯应该靠墙放，注意不要太靠边，以免掉落；计算器如果常用，可以放在台灯旁边，如果不常用，就收进抽屉里。总之，一定要让桌面干净清爽。

学会垂直收纳

很多人经常抱怨，书桌太小，放不下多少东西，或者书桌上的东西经常会掉到地上。其实，你还可以尝试垂直收纳。

如果你的书桌前面靠着墙壁，那就可以充分利用它，让父母为你在墙上设计一个置物架，或者多粘一些挂钩，这样很多零碎的摆件、学具等都可以挂到墙上去，书桌不就宽敞了？而且这些东西在墙上完全展示出来，想要寻找和拿取时都非常方便，使用完后又可以随手放回，是不是很方便？

另外，在书桌侧面也还有很多空间可以利用。比如，可以粘上挂钩，把水杯、书包挂在那里，或者挂上画板、球拍等，当你使用的时候，拿取非常方便。

决定玩具的多少

玩具太多了

随着你的年龄一天天增长，家里是不是又有一批玩具需要更新换代？现在人们的生活水平提高了，父母在买玩具时也总是很大方，所以家中越来越多的旧玩具该如何处理，也成为一个不大不小的困扰。

拥有适量的玩具可以调剂生活，放松心情，但玩具过多，不仅看着心烦，整理起来也很耗费精力。

评估一下你的玩具数量

对于玩具，你必须要有整体把控能力。如果你不强迫自己去评估玩具的数量，那么房间就会渐渐被玩具填满，变得越来越乱，从而加大整理难度。

为了避免这种情况的发生，现在就请你学一学如何评估玩具的数量。

首先，把所有同类型的玩具放在一起，然后对它们的数量做评估。如果觉得太多，就处理掉一部分。

比如，已经有六个毛绒玩具了，是不是太多？那就处理一到两个。玩具汽车居然有十多辆，显然太多了，也处理几辆吧！

从源头控制玩具数量

评估玩具数量的目的不仅仅是为了处理掉多余的玩具，还可以为以后买玩具提供思路。

现在很多玩具质量较好，玩了很久也不会损坏，加上你对它们已经非常熟悉，甚至有感情，所以舍不得扔掉，这样就导致玩具数量只增不减。

所以，当你评估完所有玩具的数量后，就要有一种全局意识，知道哪种玩具数量已经足够多，绝对不可以再买；哪种玩具还很少，偶尔可以适当购买。

在每次决定购买一个玩具时，最好先问自己三个问题，再决定是否购买：

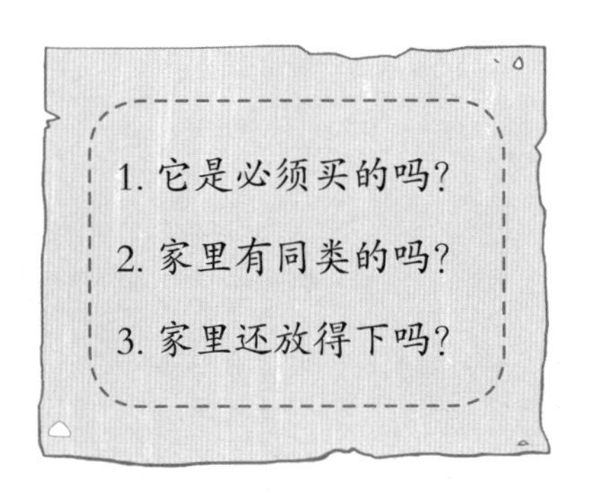

只要你想清楚这三个问题，就能从源头控制住玩具数量啦！

不同玩具的收纳方法

选择合适的收纳工具

要想把所有的玩具整理好，你可能需要用到下面这些常用的收纳工具。

玩具包装盒：积木、拼图等玩具都有一个原始包装盒，既便于收纳，还不用花钱购买。

品牌收纳工具：有的玩具公司推出了特制的收纳包、收纳箱等，既美观又方便，但是价格不菲。

专门购买的置物架、柜子：在家具市场或者网上商城，都能购买到专门的玩具收纳架或柜子，摆放在家里也很有格调。不过，它们往往会占据很大空间，对于房间面积较小的家庭来说很难实现。

可以灵活搬动的收纳盒、收纳箱：可以测量闲置空间的尺寸，购买最合适的产品，做到空间的最优利用。

小型玩具收纳

对于积木、拼图等小型玩具，玩的时候总会这里丢一块，那里丢一块，下次再玩的时候往往难以找齐。所以，在整理的时候，最好把它们装进透明的收纳盒，而且要有盖子，以免落灰。

如果没有适当的收纳盒，最好把它们先装进塑料袋，然后再放到置物架上或者抽屉里。

一些小型的玩偶，数量不多时，可以当作摆件，放在窗台上或者书架上。数量较多时，也应该先用袋子打包，然后再收纳。

女孩们往往有很多布娃娃，它们需要一个“睡觉”的大箱子。男孩们拥有的大量玩具小汽车，最好放进可以叠放的“停车场”。

如果收纳的盒子、箱子都是不透明的，就可以在上面贴上标签，写明里面存放了哪些东西，便于以后寻找。

大型玩具收纳

大型的玩具可以分为两种，一种是可以压缩的，比如毛绒玩具；另一种是不能压缩的，比如玩具卡车、坦克等。如果让它们随意摆放在桌上、沙发上，会占据很大空间，使家里显得凌乱。

对于可以压缩的毛绒玩具，可以使用真空压缩袋将它们压缩以后，再进行收纳。对于不能压缩的大型玩具，应该用包装盒或塑料袋装好，以免积灰。

这些大型玩具不用收纳到专门摆放玩具的区域，因为它们太占空间。最好是把它们放到平常不打开的柜子里，或者是床底下的箱子里，而且可以摆放在最下面、最里面，这样就不会对生活造成影响。

重要作品怎样收纳？

有意义的作品不能随意丢弃

每个学期，你总会在学校创作出大量想象力丰富的艺术作品，并在放假时带回家。当你把这些绘画和手工作品放在书桌上时，可能会有这个疑问："应该把它们放在哪里呢？"

这些作品见证了你的成长，都很有意义，但全部收藏起来又不现实，所以你一定要做出决定，是将它们用来做装饰还是处理掉。

用作装饰

首先，挑出你最喜欢的作品，数量不要太多，然后拿给父母看。在得到他们认可的情况下，你可以把这些作品装饰在家庭画廊中。

家庭画廊不一定要很大，客厅的一角或房间里较低的家具上方，都可以当成画廊。

你可以买一些轻便美观的相框，把绘画作品放进去。也可以买一个透明的收纳盒，用来陈列手工作品。当它们在画廊整齐地展示出来时，会让家变得温馨又美观。

处理的方法

除去用于装饰的部分，其他的作品都需要处理。

那些看起来并不美观的作品，或者体积较大的作品，没有必要收藏，可以直接扔掉。不过，在扔之前可以跟自己拍一张合照，然后把照片保存在电脑里。这样既保存了作品，也记录了成长，在以后翻看时也会回忆起美好时光。

至于有收藏价值的作品，你可以准备一个文件夹，把它们分门别类地整理好，和家里的相册放在一起，时不时可以翻开欣赏一下。

为了避免不小心扔掉重要物品，你可以把要扔的作品先放在阳台上，过几天再清点一遍，确认没有收藏价值了，再扔进垃圾桶。

整理行囊

选择行李箱还是背包?

俗话说“读万卷书，行万里路”，对于平时忙于学习的你来说，放寒暑假时要是能跟着父母外出旅游，那真是太有意思的事情啦！

如果你只是随意背上行囊就出发，不做好充分准备，可能会让旅行变成一件麻烦事。

首先，你要根据需要选择到底是带行李箱还是带背包。如果大部分行李都要随身携带，且时间不太长，可以选择背包；如果只有少部分行李需要随身携带，且要入住酒店，那么行李箱应该会更方便。

背包的选择

当你选择用背包装行李时，应尽量选择超轻、耐磨、防水的户外旅行背包。

有人认为旅行要装的东西太多，所以背包越大越好，其实并不是这样。背包大小适中即可，因为我们只需要把必须随身携带的物品装在里面。

不过，在背包开口设计上，建议选择三面有拉链的，可以完全打开后像行李箱一样平摊开。原因很简单，这种开口设计的背包能够直观地看到所有空间，更方便我们使用，同时做收纳、找取物品的时候也更容易。

行李箱的选择

选择行李箱时，要注意以下几点。

■ 材质

尽量选择轻盈而结实的行李箱，它不仅可以减轻出行负担，还能轻松应对暴力运输。

目前常见的行李箱都是拉杆式行李箱，材质分为软箱和硬箱。软箱一般使用牛津布、涤纶、帆布等材质，重量比较轻，功能多样，容量很大。不过，软箱的缺点也很明显，那就是防水性能不好，而且不耐脏。

硬箱主要有塑料材质和合金材质，外观比较漂亮，防水性能好，不容易脏，而且耐冲击，可以很好地保护箱子里的物品，缺点就是比较重。不过，近些年硬箱的材质不断更新，重量也越来越轻，你可以货比三家，买一个自己最满意的。

拉杆和提手

行李箱都带有拉杆，建议选择可以调节高度的钢质拉杆，方便使用，也能经受住各种压力。

拉杆一般还有单杆和双杆之分，最好选择双杆，因为双杆更加稳固，也能在上面固定背包，比单杆方便得多。

在旅途中，难免有个别路段不适合推着行李箱行走，我们不得不用手提着行李箱，这就是对行李箱提手的考验。

如果提手比较细，提的时候手就会很疼；如果提手不牢固，行李箱就很容易掉落被摔坏。因此，建议你选择牢固性较强，同时手感也较好的软性树脂提手。

滚轮

大多数时候行李箱需要借助滚轮前行，如果滚轮质量不好，在旅途中突然卡住，或者掉落，将会使你的旅行体验糟糕透顶。

滚轮是行李箱消耗最严重的部件，所以在购买行李箱时，一定要注意滚轮的质量。

滚轮有单向轮和万向轮之分，一般来说，万向轮行李箱使用时会更平滑轻松，而且推拉的声音也更小。

必不可少的准备清单

出门旅行前，你需要列一份准备清单。

为了避免找寻物品时手忙脚乱，我们将出行携带的物品分成了六大类，以便将同类物品收纳在一起。

这6个分类里面列举的物品可以根据实际需求替换，比如你要去的地方是热带，就把衣物清单中的帽子、围巾、手套换成泳衣。

清单应该提前几天就列出来，然后对照家中物品一一检查，对于家里没有的物品，一定要及时购买。

出行前一刻还要注意

终于到了出行的前一刻，这个时候最容易因为激动而忘事。请你认真阅读下面内容，以确保家中安全和出行顺利。

整理文件的方法

学习文件需要整理

在学习中，你肯定会慢慢积攒起很多文件，如果不加整理，恐怕会把书桌搞得一团糟。

对于这些文件来说，我们整理的目的不是仅仅将它们收起来，永远不再利用，而是要分门别类整理、保管，便于随时查看。

短期内的重要资料

最近几天老师发下来的英语单词表、数学练习卷子等，这些资料近期在课堂上或者回家复习时，都会被频繁使用，所以在存放时，一定要考虑到是否便于寻找以及是否便于取放。

建议你将这些资料放在一个专门的透明文件夹中，每次需要时，把整个文件夹取出寻找，用完后再原样放回，效率会更高。

至于要在某天交给老师的文件，可以在上面贴一张彩色小便签，写上提醒自己的文字，并将它放在文件夹的最外层，这样每次拿文件夹时都会看到，就不容易忘记啦！

长期的重要资料

在你的书包里，一定还有一些近期不会使用，但是到了期末复习时将会派上用场的资料，它们就属于长期的重要资料。

这些长期资料一般不需要频繁拿出来，所以你可以把它们整理好后，用夹子夹起来，放在一个角落，比如书桌的抽屉里。

为了避免遗忘，你还可以在抽屉上贴一个标签，写明里面有长期的重要资料。

需要珍藏的重要资料

平时你表现优秀时，老师可能会给你颁发一张奖状；某一次交的作文，被老师评为优秀；上学期，老师发的一份好词佳句……这些资料可以说是极其珍贵，需要好好珍藏。

不过，你也不能把它们全都放在箱子底下，否则什么时候想要拿出来看一看，就会大费周章。

可以把它们放在一个文件夹里，然后竖着放在书架的最下层。这个位置平时很少用到，但是想要拿出来时，也可以很快取出。

收拾餐桌是谁的事？

你家里谁负责收拾餐桌？

每天在家里吃完饭后，你会做什么事呢？

漱口？擦嘴？

不，你可能忘了一点，每天吃完饭后，有一项重要工作，那就是收拾餐桌。

你家是谁负责收拾餐桌呢？是爸爸还是妈妈？从现在开始，可以做出一点改变了。请你挽起袖子，帮助他们一起收拾餐桌吧！

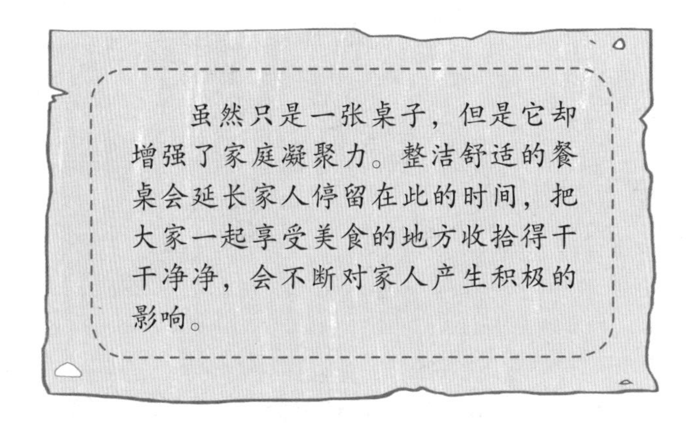

虽然只是一张桌子，但是它却增强了家庭凝聚力。整洁舒适的餐桌会延长家人停留在此的时间，把大家一起享受美食的地方收拾得干干净净，会不断对家人产生积极的影响。

把用过的餐具送回厨房

首先，你需要做的是把用过的餐具送回厨房。

在送餐具的时候，要把碗和盘子分开，不能把碗放在盘子中，以免中途掉落。

如果餐具数量太多，一次拿不完，可以分几次拿走，千万不要把它们全部叠放在一起，试图一次抱走，否则一旦力量不济，或者手滑，它们可能会全部掉落到地上摔坏。

另外，如果盘子或碗里有很多油，一定要将其倒进垃圾桶，这样可以让它们在清洗时更加容易。

最后，用抹布把餐桌擦干净，餐厅的整理工作就告一段落啦！

试着清洗餐具吧

所有的餐具被送到厨房后，将它们摆放在洗碗池里。现在，你可以学一学如何清洗餐具。

在所有餐具中，首先应该清洗的是筷子和勺子，因为它们相对干净，洗起来很容易。

然后，可以清洗没有沾上油污的碗和盘子。把它们放在水龙头下，一边冲洗，一边用洗碗布擦拭，很快它们就会变得干干净净。

最后才是清洗沾上油污的碗和盘子，倒一点洗涤剂，再用洗碗布擦洗，最后用清水冲洗干净即可。切记：使用了洗涤剂的餐具，一定要冲洗干净，否则对身体健康不利。

摆放餐具

把餐具清洗完后，还需要把它们收纳起来。当然，你也可以一边清洗一边摆放。

筷子、勺子一般要放进筷子筒里，有的家庭是把勺子放在抽屉里，你需要和父母确认一下，以免放错地方。

碗和盘子一般都是放在碗架上，但要注意它们都有各自的区域，不能随意乱放。

案板一般要挂在墙上，或者立在碗架旁边，这样才能快速变干。

菜刀是个危险品，拿的时候一定要小心，放回时将它插进刀架里。

都整理妥当后，厨房就变得干净又整齐啦！

冰箱也需要整理

冰箱里的食物为什么会变质?

“哎呀！冰箱里还有一盘剩菜，都坏了。”

“冰箱里的桃子怎么发霉了？”

……

你有没有听到爸爸、妈妈在家里说过类似的话？

冰箱是我们存放食物的电器，但如果不加整理，东西摆放得乱七八糟，就会导致有些食物被遗忘，最终变质扔掉。

冰箱不要塞太满

有些人的冰箱里总是塞得满满当当。不仅有剩菜、剩饭、蔬菜、水果，还有牛肉干、糖果等零食。其实，正确使用冰箱的方法是一定要留下大约两成空间，才能让冷气充分循环，达到更加均衡的制冷效果，而且也更加省电。

所以，整理冰箱的第一步，就是要把不需要放进冰箱的东西取出来。比如：

番茄、洋葱、南瓜等蔬菜，只需要放在厨房阴凉干燥的地方就可以。

黄瓜、青椒，长时间放在冰箱反而会变黑、变软。

香蕉、杧果等热带、亚热带水果，对低温的适应性差，放在冰箱里反而影响口感。

没有拆开包装的零食，只需要放在阴凉通风的地方即可。

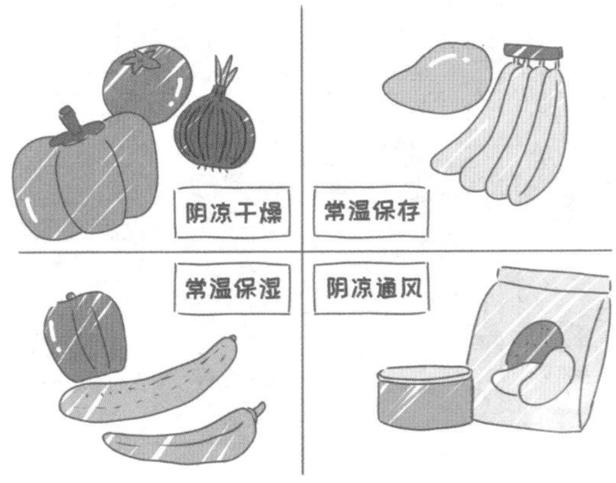

冷藏层

冰箱一般都分为冷藏层和冷冻层。

在冷藏层里，由于门搁架的温度相对不稳定，可用来放置酱料、鸡蛋、粗粮等对温度不敏感的食物。

冰箱上层的温度相对高，可放置熟食、酸奶、芝士、罐头等相对容易保存的食物。

中层是视线最容易接触的位置，可放置尽快需要解决的食物，如鸡蛋、剩菜、剩饭、切开的西瓜等。

下层是冷藏层最冷的位置，可放置鲜肉、牛奶、豆制品等容易变质的食物。

冰箱里可能还有个抽屉，环境相对密闭，具有保湿效果，可以放置新鲜的蔬菜、水果等。

冷冻层

冰箱的冷冻层一般在冰箱下半部分，里面往往也有几个抽屉。

在冷冻层里放食物，可以充分利用盒子，比如羊肉片、牛肉片等食物可以用盒子装好，一般炒菜使用的肉类或海鲜，也可以用小型盒子收纳整理，每次拿出一盒就刚好够全家人吃一顿，十分方便。

另外，冷冻层的几个抽屉也应该分类使用，比如第一个抽屉里放冰激凌、速冻饺子等，第二个抽屉里放牛羊肉、鸡肉等，第三个抽屉里放鱼、虾等水产品。这样找东西的时候不仅便捷，而且也避免串味。

善用保鲜盒、保鲜袋

将食物分类、分格储存是整理冰箱非常重要的一点，透明的保鲜盒就是非常好用的收纳工具。

平常切好的蔬菜、熟食或酱料等，都可以用保鲜盒分类储存，不仅摆放整齐、方便拿取，也能更加有效地利用空间，还可以防止串味。

如果家里没有太多保鲜盒，你还可以使用保鲜袋做好食物分类。将它们按类别分别放进保鲜袋里，然后塞到缝隙里，还能提高空间的利用率呢！

和家人一起，把家变整洁

茶几不是杂物台

家里的茶几一般都放在客厅，用来摆放茶杯、果盘、电视遥控器等。然而在大多数家庭中，茶几上总是摆满了乱七八糟的东西，放眼一看，感觉整个家都显得杂乱无章。

现在就去看看吧，茶几上有多少你的物品。钥匙、笔袋、玩具、课外书……如果有，赶紧把它们拿走吧！

电视柜、茶几抽屉

电视柜抽屉一般装有机顶盒、电器使用说明书、遥控器之类的物品，这种类型的抽屉分隔间距比较大，抽屉比较浅。

在收纳的时候，可以利用文件夹收纳说明书，用透明收纳盒收纳遥控器之类的物品，统一整理和排列，就可以将电视柜的抽屉收纳好了。

茶几抽屉则会用来收纳零食、药品和备用纸巾等，先对这些物品进行分类，然后利用收纳盒将其收纳，一一贴上标签即可。

厨房抽屉

厨房的抽屉一般较大，里面放着许多瓶瓶罐罐、碗筷餐具等。

在整理之前，你需要对每个抽屉进行分类，比如第一个抽屉里放筷子、勺子、叉子等，第二个抽屉里放调料、保鲜袋等，第三个抽屉放木耳、花生等干燥的食物。

另外，在抽屉内还可以增加收纳盒，或者定制隔板，这样就可以对同一个抽屉内的不同物品再次进行分隔，使它们看起来整齐有序。

卫生间

卫生间是我们每天都要使用的场所，也是容易藏污纳垢的地方，很有必要好好整理一番。

浴巾、毛巾、浴花等物品应该悬挂起来，以便使它们保持干燥；常用的洗手液、香皂、肥皂等，应该放在洗手池旁边；洗衣液、洗衣粉以及备用的肥皂、牙膏等，都应该放入镜柜或洗手柜中，以减少视觉杂乱感。

卫生间当然少不了要摆放卫生纸，一般都是放在马桶旁边的纸盒内，但备用的卫生纸则应该收到洗手柜或储藏柜中。

卫生间还有一些用来清洁马桶的工具，应该清洗干净，在马桶旁边靠墙整齐罗列。如果适合悬挂的，可以在墙的较低位置粘上几个挂钩，将它们一一悬挂，这样既美观又卫生。

整理完后，再好好打扫一下卫生，你的卫生间就会立刻显得干净整洁啦！

卧室抽屉

卧室里一般也有很多个抽屉，想要充分利用，关键要做好分类。建议根据最近原则和常用原则，决定每个抽屉里应该放什么物品。

比如，床头柜离插座较近，抽屉里就可以放上充电器、电池、数据线、耳机等物品。

衣柜的抽屉要打开会稍微麻烦一些，如果比较浅，里面就可以放平常使用率不太高的物品，比如雨伞、指甲剪、小饰品等。有的衣柜抽屉比较深，适合用来放衣物，可以将袜子或者 T 恤一件件卷起来排列好，按颜色或者样式进行收纳。

不要忽略了床下的空间

在你家里，还有一个不太起眼但却有超强收纳能力的地方，那就是床下。

如果你的床是带有储物抽屉的，或者床板掀起来有储物箱，里面就可以放一些大型而使用极少的物品，比如较大的毛绒玩具，已经过了冬天而暂时不穿的蓬松的棉服或羽绒服，等等。

如果你的床下没有储物箱，可以找来一些纸箱或者收纳箱，把需要收纳的物品放进去，然后在箱子上贴上标签，就可以全部放到床底下。